RAGE

LE MOYEN PRÉSERVATIF ET CURATIF

PAR

BUISSON

Docteur en médecine de la Faculté de Paris, ex-interne
de l'Hôtel-Dieu, et lauréat dudit hôpital.

Indispensable aux Médecins et utile à tout le monde

PARIS

CHEZ L'AUTEUR, RUE SAINT-ANTOINE, 205

1863

TRAITÉ

DE

LA RAGE

DÉDIÉ A L'ACADÉMIE DE MÉDECINE

NON PAR RECONNAISSANCE, MAIS DANS L'ESPOIR D'OBTENIR JUSTICE

PAR

BUISSON

Docteur en médecine de la Faculté de Paris, ex-interne
de l'Hôtel-Dieu, et lauréat dudit hôpital.

PARIS

CHEZ L'AUTEUR, RUE SAINT-ANTOINE, 205

1863

PRÉFACE

Lecteur, en me voyant non soulever, mais déchirer le voile de cette affreuse maladie, tu pourrais me demander qui es-tu?... De même que dans le clergé, au dernier rang on est simple confesseur, en médecine je ne suis qu'un simple praticien. Quant à l'Académie, elle me connaît... je suis son fils... né de son injustice !!... — Académie, tu as engendré un *monstre*; il ne tient qu'à toi de réparer tes torts; essaye le moyen que je propose depuis un quart de siècle : tu as fait au ministre un rapport enfantin, où tu réponds : *rien de neuf, rien d'utile.* Par ma réplique j'ai culbuté ta logique...

Quoi ! tu persistes à garder le silence !

Lecteur, tu vois en moi un simple berger, qui de sa fronde assomme un géant... Tant pis, la pierre est lancée, je ne puis courir pour la retenir, et tu vas la voir se transformer en rocher... malheur sur qui il tombera... J'aime la foudre, j'aime le bruit, j'aime le tocsin, non sonné par des hommes, mais par la tempête, par un tremblement de terre, prélude *d'un* cataclysme universel,

en un mot, je voudrais que le monde fût changé en cata-
combe... que justice se fasse, mes souhaits changeront...
L'idiotisme rit et la raison applaudit. Que demandes-tu ?...
A soixante-quinze ans on n'a besoin de rien, mais si je
voulais... je ramperais!!... Académie, la mort a renou-
velé tes membres; non, tu ne ressembles pas aux vieilles
lunes dont on fait des nouvelles, tu es plus lumineuse
que cet astre, et tes enfants sont engendrés par le roi du
jour; c'est pourquoi il me reste l'espérance : à toi la volonté.

Illustre assemblée, la colère égare, comme moi sois
calme... Écoute et réfléchis... Tu formes deux camps, ho-
méopathes et allopathes, sans compter les mille drapeaux
des médecins à système. Science c'est connaissance, la
connaissance est l'unité, donc tu es dans le vide; l'erreur
est un champ illimité rempli de spectres; on marche
sans fin, on parle toujours sans rien dire.

Ma pensée est triste, mais elle est vraie ; elle me brûlait
et je suis soulagé de te l'avoir communiquée. Si tu cherchais à me combattre... tes armes tourneraient contre toi,
c'est pourquoi la sagesse t'a conseillé de te taire.

Je vais te renouveler mes reproches que trop fondés.
En rejetant mon moyen rationnel de guérir la rage, sans
daigner m'entendre, tu as donné un mauvais exemple aux
autres corps savants. A l'Académie des sciences j'ai dit
que le choléra était une espèce de fièvre miasmatique que
la sueur seule pouvait guérir. Par l'organe du ministre,
on m'a répondu que ce moyen était connu et réussissait

rarement ; j'ai répliqué que dans deux épidémies, par lui seul j'avais guéri tous mes malades, mais qu'il est difficile d'obtenir la sueur, d'autant plus que les malades, quoique la peau glacée, sentent un feu dans les entrailles qui leur fait chercher le froid ; que c'est en ne les quittant que lorsqu'ils étaient en sueur que j'ai obtenu toujours mes heureux succès, et que mes honorables confrères, qui n'ont pu obtenir le même résultat, c'est faute de cette précaution : pas de réponse !!...

Cependant M. le rapporteur de l'Académie des sciences a dit que cette maladie était inconnue, que tous les mémoires présentés étaient insignifiants, mais ce qu'il y avait d'étonnant, c'est qu'on pouvait donner *sans danger*, à des doses *fabuleuses*, les *médicaments les plus toxiques*.

J'ai fait sentir à ladite Académie que ces paroles imprudentes pouvaient être fatales à l'humanité, que les épidémies cholériques ne se ressemblaient jamais, qu'il y en avait où l'absorption n'était pas entièrement abolie, et qu'en suivant ce conseil on empoisonnerait les malades. Point de réponse !

Académie, ton rapporteur est ton commis dont tu es responsable !

J'ai eu l'honneur d'adresser au souverain pouvoir un mémoire sur la *morve*, où je prouve que toutes les personnes qui travaillent aux fourrages sont toutes plus ou moins affectées par la *poussière*, des voies aériennes, et que cette même cause produit la *morve*. J'ai donné pour exemple que j'avais un cheval qui toussait, éternuait,

avait des ulcères dans les naseaux d'où sortait une mu-
cosité verdâtre qui pendait jusqu'à terre, et que j'ai guéri
en supprimant la poussière du fourrage, en mettant dans
son avoine un peu de vin; touchant les ulcères tous les
jours avec une solution de nitrate d'argent, des injections
avec une décoction de roses de Provins dans du gros vin
miellé et un séton au poitrail.

Ledit mémoire a été renvoyé à Son Excellence le Ministre
de l'agriculture, qui a demandé un rapport à l'école
d'Alfort, et MM. les membres ont répondu que mon
cheval *n'avait pas un seul symptôme de cette maladie*, réponse
qui ferait rire, si le sujet n'était pas si sérieux.

Voilà, lecteurs, la suite de la conduite de l'Académie
impériale de médecine envers moi.

Académiciens, vous me trouvez trop petit pour entrer en
explication ? Eh bien ! sachez que si la fourmi a été créée
pour l'homme, l'homme a été créé pour la fourmi ; oui,
aux yeux de la divinité tous les êtres sont égaux. Le temps
presse, la mort vous décime, elle vous frappe à coups re-
doublés, c'est pourquoi je me hâte de vous remémorer
ma pensée qui est aujourd'hui un fait accompli, et qui ne
peut être combattu que par un fait plus précis. Je ne suis
ni utopiste ni fantaisiste, je suis pour le progrès ; je
pense que l'union seule peut tirer de l'obscurité la science
médicale où la brillante et fausse éloquence l'a plongée.

Mes chers et respectables confrères, que vos âmes éle-
vées écoutent la voix de la nature qui... seule... est celle
de la vérité !

TRAITÉ

DE

LA RAGE

DE LA RAGE ou HYDROPHOBIE

La rage est spontanée ou consécutive; elle est spontanée chez certains animaux, tels que le chien, le loup, le renard, le chat, en un mot chez tous les animaux qui ne suent pas. Elle se déclare par la privation d'aliments liquides; la colère et la joie peuvent aussi la faire naître. Je l'ai observée à la suite d'autres maladies, particulièrement chez les jeunes chiens à l'époque de leur dentition. Cette maladie se communique par l'inoculation de la bave (c'est-à-dire la salive), non-seulement à l'homme, mais à tous les animaux. La salive est une humeur transparente, un peu visqueuse, inoffensive et même salutaire. J'ai vu d'anciens ulcères guérir en faisant lécher la plaie par un chien. Mais si cet animal est privé de boire, ce liquide se change en un toxique violent. La joie, la colère, la tristesse et même des maladies peuvent produire le même effet[1]. Il est probable, et même certain, que le venin de tous les animaux, même du serpent, ne devient toxique que par la colère, puisqu'on dit, et c'est réel, morte la bête, mort le venin ; peut-on penser que la nature ait placé un poison si violent dans un être où la moindre absorption pourrait l'empoisonner! Cette remarque est utile pour faire sentir que la salive peut se changer inopinément en virus rabique ; qu'un animal joyeux peut, sans le vouloir, mordre son maître, l'animal vivre, l'homme mourir. Alors que dit-on ? Que l'homme est mort de peur, puisque l'animal survit, et cependant la rage est certaine, ce qui prouve qu'on ne doit pas porter son jugement sur l'animal survivant.

Les animaux qui suent, tels que l'homme, le cheval, ne deviennent enragés que par l'absorption du virus rabique.

Il serait inutile et même ridicule d'employer ma médication sur les animaux qui ne suent pas.

En 1826 je pensais que, par des bains de vapeur, dits à la russe, on pourrait prévenir la rage, mais non la guérir ; propriétaire d'un établissement de bains, je cherchais l'occasion de mettre en pratique cette pensée, et le hasard a voulu que je fisse sur moi le premier essai.

PREMIER EXEMPLE

Appelé pour donner mes soins à une femme hydrophobe une heure avant sa mort. Après l'avoir saignée d'après ses désirs, je m'essuyai à son mouchoir plein de

---

1. L'expérience prouve, que chez le chien, toute espèce d'affection physique ou morale peut produire ce phénomène.

bave, que j'ai pris pour une serviette propre. Ayant une envie au doigt indicateur de la main gauche, je m'aperçus, mais trop tard, de mon imprudence. Arrivé chez moi, je cautérisai la petite plaie avec du nitrate d'argent, je me promettais de jour en jour de prendre des bains de vapeur, quand mes occupations me le permettraient.

Au septième jour, je ressentis une vive douleur à la plaie ; pensant que c'était la suite de la cautérisation, je n'y fis pas grande attention, mais la douleur devint si forte, que je fus obligé de mettre mon bras en écharpe. Elle augmentait toujours partant du doigt indicateur, suivant le nerf radial[1], elle montait à l'avant-bras. L'accès était d'environ deux ou trois minutes et l'intermission de cinq à six minutes.

À chaque accès elle s'étendait de quelques centimètres ; quand elle eut dépassé le coude, c'est alors que le mal devint intolérable, mes yeux étaient extrêmement douloureux et semblaient sortir des orbites ; la lumière m'affectait vivement et par conséquent tous les corps lucides, tels que le verre, les métaux ; mes cheveux me semblaient hérissés et d'une telle sensibilité, que je croyais que sans les voir j'aurais pu les compter. L'impression d'un courant d'air m'était non-seulement très-

---

1. Cette sensation m'a prouvé qu'il y a dans les nerfs la circulation d'un fluide nerveux, circulation beaucoup plus lente que celle du sang à n'en pas douter, c'est quand le virus est introduit dans les nerfs que la maladie se déclare, et qu'elle est horrible quand elle atteint le cerveau, j'ai été surpris que la maladie se déclarât au septième jour, je n'avais pas vu d'exemples avant au moins le neuvième jour. Mais il faut remarquer que l'affection a été communiquée d'homme à homme, ce qui je crois, ne s'était pas encore vu.

douloureuse, mais prolongeait les accès ; mon corps me paraissait plus léger que l'air, je croyais qu'en m'élançant de terre, j'aurais pu m'élever à une hauteur prodigieuse, et qu'en me jetant d'une croisée, je n'aurais pu toucher le sol, j'avais un resserrement de la gorge ; j'éprouvais des nausées continuelles, je salivais beaucoup et crachais continuellement ; je sentais les glandes sublinguales engorgées, mais ayant voulu m'en assurer dans une glace, je ne pus réussir ; ma vue était tellement affectée que j'ai été forcé d'y renoncer ; j'avais une envie continuelle de courir et de mordre, et je me sentais soulagé en me promenant vite dans ma chambre, mordant mon mouchoir. J'avais horreur de l'eau, cela tenait à sa lucidité ; en fermant les yeux je buvais, mais avec difficulté.

Depuis longtemps j'avais l'idée qu'un bain de vapeur (dit à la russe) pourrait prévenir la rage, mais non la guérir ; ne pensant qu'à la mort, je cherchais la plus prompte et la moins douloureuse. Propriétaire d'un établissement de bains, et résolu de mourir dans un bain (dit à la russe), je prends le thermomètre de Réaumur à la main, de crainte qu'on me refuse de la chaleur..... et à 42 degrés, je fus guéri[1]!..... J'avoue que je ne croyais pas à ma guérison qui tenait du prodige, je crus n'éprouver qu'une plus longue intermission que le contact de l'air extérieur ferait cesser. Comme la salle des bains m'appartenait, et que je pouvais y entrer à volonté, j'en sors, dîne et bois avec facilité, me couche et dors bien, depuis ce moment je n'ai jamais rien senti.

---

[1]. Je pressais mon bras de haut en bas jusqu'au doigt indicateur, pour en faire sortir le virus, tout le temps que j'étais dans le bain.

DEUXIÈME EXEMPLE

Mon domestique avait son chien malade; il consulte un vétérinaire qui lui conseille de lui donner une poudre. Pour lui faire prendre, il tenait la gueule de son chien ouverte, tandis que sa femme introduisait avec la main, le médicament jusqu'au fond du gosier. L'animal se débat, la porte étant fermée, il saute par la croisée de la hauteur d'un premier, sans se faire de mal, se sauve, et on ne l'a jamais revu. L'homme et la femme avaient de légères égratignures aux mains occasionnées par les dents du chien.

Environ quinze à dix-huit jours après [1] cet homme étant à côté de moi, dans mon cabriolet, salivait continuellement; ses yeux étaient vifs, il paraissait inquiet; me demanda la permission de prendre un bain de vapeur (il connaissait ma découverte); sans le questionner, crainte de l'affecter, de suite je rentre chez moi, lui administre moi-même le bain à 45 degrés; la guérison a été instantanée. Sa femme n'a pas attendu la maladie, elle a pris dès le principe quelques bains de vapeur et n'a rien ressenti.

TROISIÈME EXEMPLE

Un homme âgé de trente-deux ans, boutiquier, perd un petit chien roquet; quinze jours après il le rencontre à la

---

1. J'ai remarqué qu'il n'y a pas de terme fixe pour que la maladie se déclare, le virus peut rester plus ou moins longtemps sous l'épiderme sans être absorbé. J'ai vu, à l'Hôtel-Dieu de Lyon, un jeune homme mourir hydrophobe quarante jours après avoir été mordu par une louve enragée.

halle. L'animal qui pouvait à peine sauter à la hauteur de
la main, sautait de joie jusqu'à deux pieds au-dessus de sa
tête, les passants faisaient cercle pour voir ce phénomène...
Il le saisit, non sans peine, le porte chez lui et le renferme
dans sa chambre; mais comme pour sortir il cassait tout,
il le met dans un hangar dallé et fermé par une porte en
chêne très-épaisse. Pour sortir il ronge le bas de la porte,
et il serait parvenu à se sauver si on ne l'eût pas tué.

Les voisins, inquiets pour cet homme, l'engagèrent
beaucoup à consulter; quand il vint chez moi, il avait la
figure et les mains couvertes d'égratignures, que son
chien lui avait faites avec ses dents, en sautant à sa
figure pour le caresser. Comme je le voyais très-soucieux,
je commence par lui faire croire que son chien n'était
point enragé, mais que par prudence je lui conseillais
sept bains de vapeur en sept jours, et dans chaque bain
boire deux litres d'une infusion de bourrache, il l'a fait
et a continué de se bien porter.

QUATRIÈME EXEMPLE

En 1854, une demoiselle de comptoir avait un gros
chien qu'elle tenait habituellement à l'attache. L'ayant
détaché un jour par extraordinaire, dans ses caresses il lui
mordit légèrement la lèvre supérieure; au bout d'environ
quinze jours, tout à coup elle sentit une anxiété indéfinis-
sable, un pressentiment de mort qu'elle ne pouvait ex-
pliquer, attendu que son chien se portait bien et qu'elle
était sûre qu'il n'avait pas été mordu par d'autres. Perte
d'appétit, ayant horreur de l'eau, se jetant dans les bras
de sa mère en lui faisant ses adieux. A mon arrivée, je la

trouvai inquiète, la parole brève, le pouls petit, dur et vif, les yeux brillants et fixes.

Je lui persuadai que son chien n'était pas malade, qu'elle ne courait aucun danger; elle me répondit que ce raisonnement elle se l'était fait, mais que cela n'empêchait pas qu'elle allait mourir. Alors je vis que la maladie était commençante et réelle. Je lui ai fait prendre sept bains de vapeur; mais, dès le premier, tous les symptômes disparurent et son chien n'a pas éprouvé la moindre indisposition[1].

CINQUIÈME EXEMPLE

Voici l'exemple d'une hydrophobie nerveuse occasionnée par la peur. Un habitant de la campagne, mordu par son chien enragé, vient me consulter. Après avoir employé mon moyen, deux jours après on me dit que l'hydrophobie était déclarée. Certain que le moral seul était affecté, je me rendis de suite auprès du malade. Son aspect était celui d'un hydrophobe; il faisait plus, il hurlait, voulait fuir sa maison, disant qu'il ne voulait plus travailler, qu'il voulait tout boire et tout manger puisqu'il devait mourir. Pour guérir son moral, je lui dis : Vous ne me ferez pas croire l'impossible; 1° la rage ne se déclare pas en deux jours; 2° les enragés ne boivent ni ne mangent. Vous ne voulez plus travailler, que diront vos voisins? que vous êtes un paresseux. Ce raisonnement

---

1. J'ai lu l'exemple d'un jeune homme qui avait une plaie ordinaire, pour la guérir il la faisait lécher par son chien, il est mort hydrophobe et l'animal a continué de se bien porter.

lui fit beaucoup d'impression, il se remit à son travail, tous les symptômes disparurent.

J'appris, qu'après son traitement, on lui avait parlé continuellement de rage, cela prouve qu'en soignant ces malades, il ne faut pas leur parler de cette maladie, et que si on les soigne ce n'est que par prudence.

Je puis affirmer que toutes les personnes qui ont suivi mes conseils ont toutes été préservées de la maladie.

Je vais maintenant citer plusieurs faits à l'appui de ma découverte.

Vaccinez un enfant, et faites-lui prendre un bain de vapeur, le vaccin ne prendra pas.

Un jour, ayant vacciné plusieurs enfants, le vaccin réussit sur tous ; même sur l'enfant d'un jardinier tombé par mégarde dans un seau d'eau sortant du puits, excepté sur un seul, fils unique, appartenant à des gens riches. Après l'avoir vacciné trois fois sans résultat, je m'aperçus qu'on le tenait trop chaudement, je le fis vêtir comme d'habitude et la quatrième fois l'opération réussit.

On guérit la piqûre de la tarentule par la danse ; la sueur que procure cet exercice occasionne la guérison.

Dans certaines parties du Sud, on soigne la morsure des serpents et d'autres animaux venimeux, en donnant une liqueur spiritueuse qui endort, et le patient à son réveil, tout en sueur, est guéri.

En Amérique, un jeune homme étant à la chasse fut mordu par un serpent à sonnettes. Voulant mourir au sein de sa famille, il courut pour gagner son domicile. Arrivé il se couche, sue beaucoup, et la plaie faite par le serpent guérit comme une plaie simple.

A Constantinople, un médecin parie de s'inoculer la peste, dans un bain de vapeur, il le fit, et il n'y eut point d'absorption.

En France, près de Lyon, un homme hydrophobe fut mis par ses voisins entre plusieurs matelas pour l'étouffer. Croyant qu'il était mort, on se retire, ayant soin de fermer la porte. Quelques instants après, on aperçoit l'homme à sa croisée, priant qu'on lui ouvre la porte disant qu'il n'était plus enragé. Alors ses voisins, parmi lesquels il avait des parents et des amis, délibèrent si par prudence on ne devait pas lui tirer un coup de fusil ; voyant leur hésitation, il leur dit : « Pour vous prouver mes amis que je ne suis plus enragé, donnez-moi à boire et à manger. » Et c'est après avoir bu et mangé qu'on lui ouvrit la porte.

A Londres, un jeune homme nouvellement marié devint hydrophobe, ses amis le placèrent entre deux lits de plumes pour l'étouffer. Son épouse, que ses parents retenaient dans une chambre voisine, n'entendant plus crier son mari, eut un pressentiment sinistre ; elle s'arrache de leurs bras, vole à son secours, d'un coup de pied casse une porte vitrée, le découvre et le trouve inanimé…..

Dans son désespoir, elle eut la présence d'esprit d'ouvrir la croisée, et l'air lui rendit la vie. Le malade avait sué si abondamment que la sueur ruisselait sur le parquet..... il fut guéri.

Un parent du célèbre Grétry fut mordu par un chien enragé, ainsi que plusieurs personnes qui moururent hydrophobes; sentant les premiers accès et voulant, dit-il, mourir gaiement, il fit venir des musiciens et plusieurs de ses amis, dansa nuit et jour, et guérit.

Certains empiriques, dans les campagnes, préviennent l'hydrophobie; leur moyen principal c'est la course, par conséquent la sueur.

On guérit la syphilis par des sudorifiques; dans les pays chauds la maladie se guérit quelquefois sans traitement.

Le général Juchereau, secrétaire de l'académie de l'Industrie, m'a confirmé avoir entendu dire, qu'à Naples on guérissait anciennement les personnes mordues par des serpents [1] ou par des animaux enragés, en les plaçant dans une espèce de four, qu'on faisait chauffer fortement. Mais, comme il arrivait quelquefois qu'on les retirait mortes, on avait abandonné ce moyen.

Ce traitement est le mien, avec la différence qu'on peut, dans un bain de vapeur, donner la chaleur à volonté, d'après la force du tempérament.

---

1. Il est un moyen bien simple pour guérir le charbon, employer un agent chimique tel que l'ammoniaque, qui, neutralise le virus; cautériser avec un fer rougi à blanc pour le détruire; et exciter une sueur locale ou générale pour l'expulser. Cette médication employée de suite, et en même temps par une personne intelligente, est immanquable. Il s'agit en médecine de raisonner un peu pour trouver la pierre fondamentale.

RÉSUMÉ

Si quelques-uns de mes honorables confrères doutent de ce que j'avance, au lieu de discuter, qu'ils essayent ma médication [1].

Les discussions scolastiques ne font qu'embrouiller la science.

La simplicité est la bonté de mon procédé ; un bain de vapeur prévient l'hydrophobie, un bain de vapeur guérit l'hydrophobie.

Demandant au célèbre Dupuytren ce qu'il en pensait, il me dit : «Que si mon traitement ne réussissait pas, aucun ne réussirait, attendu qu'il était très-*rationnel*, et que sur lui-même il ne balancerait pas à l'employer. »

Jusqu'à ce jour on ne connaissait aucun moyen de guérir cette terrible maladie, on n'était pas même sûr de la prévenir. Exemple : Un homme après avoir lutté contre un animal enragé, se présente à un médecin qui cautérise les plaies ; mais si une simple égratignure échappe à ses recherches, le patient devient hydrophobe, et ce sont les plus petites plaies qui sont les plus dangereuses ; dans les autres, l'écoulement du sang entraîne le virus, quelquefois on ne cautérise pas assez profondément, et d'autres

---

[1]. Il est étonnant que parmi les moyens préservatifs que M. le préfet de police fait afficher tous les ans, on ne cite jamais mon procédé ; le blâme doit retomber non-seulement sur le Conseil de salubrité, mais sur l'Académie de médecine. D'après cela on voit qu'une découverte, même inappréciable, a besoin de protection pour être mise en usage.

fois on cautérise trop profondément et on peut en mourir; c'est ce qui est arrivé à une infirmière de l'Hôtel-Dieu.

Mon procédé n'exige pas de connaître le nombre ni la profondeur des blessures, et attendu qu'il n'est point douloureux, qu'il n'empêche pas de vaquer à ses affaires, on peut l'employer, lors même qu'on douterait que l'animal fût enragé.

TRAITEMENT

Un bain de vapeur peut suffire pour prévenir l'hydrophobie en éliminant le virus rabique; néanmoins, pour plus de sûreté, j'en fais prendre sept en sept jours, de 42 à 48 degrés thermomètre Réaumur. Avoir le soin dans le bain de bien presser la plaie, pour faciliter l'expulsion.

Aussitôt après avoir été mordu, laver la plaie avec un linge trempé dans de l'ammoniaque liquide et le laisser humecté, pendant au moins une heure, pour neutraliser le toxique.

Combattre l'inflammation par des cataplasmes de farine de lin renouvelés par trois heures, crainte qu'ils n'aigrissent, et panser la plaie avec du cérat de Galien, je fais coucher le malade entre deux lits de plumes, et lui fais boire trois ou quatre litres d'une infusion de bourrache chaude par jour. Je prescris beaucoup d'exercice du corps et le laisse libre pour sa nourriture. Je défends *surtout* de parler de l'accident, crainte d'affecter son moral.

Mon traitement n'empêche pas la cautérisation, procédé très-incertain, puisque tous les hydrophobes que j'ai vus avaient été cautérisés.

La maladie déclarée je ne fais prendre qu'un seul bain et y laisse le malade jusqu'à sa guérison, ayant le soin de donner de la chaleur graduellement.

L'hydrophobie peut durer trois jours, l'expérience m'a prouvé que la guérison est sûre le premier jour; le deuxième elle est incertaine, et le troisième impossible, par la difficulté et le danger qu'on courrait pour introduire et maintenir l'hydrophobe dans le bain. Qui attendra le dernier jour, connaissant mon moyen? On n'attendra pas même la maladie, on la préviendra toujours.

L'hydrophobie ne se déclare jamais avant le septième jour, on peut donc faire un long voyage pour se procurer des bains de vapeur dits à la russe.

Lecteur, tu vois ce petit traité, comme il est simple et concluant; point d'ombre, tout s'explique. Eh bien! l'Académie de médecine en 1826 a répondu : *Rien de neuf, rien d'utile !*

Académie, si tu connaissais ce moyen tu serais plus que coupable, tu serais criminelle de ne pas l'avoir essayé. Aujourd'hui quel prétexte peux-tu donner? Que l'occasion ne s'est pas présentée? réponse frivole, qui ne mérite pas d'être relevée. As-tu fait afficher dans Paris mon moyen, qui, seul offre non-seulement une planche de salut, mais un port sûr? Tu as préféré faire mettre dans l'ordonnance de police que pour prévenir la rage, il fallait se laver *avec de l'urine*. Non, tu n'as pas assez de mains pour cacher la honte qui se lit sur ton visage.

Tu as dit : *Rien d'utile!* Académie, qu'as-tu fait de ton esprit? je place ta conduite devant l'œil de la justice, qui, est le pouvoir; je te défie de te blanchir, et moi, j'ajouterai que ma découverte a été acclamée à l'unanimité par la chambre des Députés[1], fleur de la nation française. Diras-tu que tu es seule compétente, toi qui as plusieurs drapeaux? Apprends que la science est une... que deux croyances l'annulent. Académie, si tu me jugeais d'après mon style, tu aurais une fausse idée de mon âme. Ma verve n'est que pour faire rompre ton silence, et montrer ton éloquence, à prouver que tu mérites les honneurs que l'autorité te prodigue; à prouver que si elle te comble de places, de croix etc., tu mérites davantage! Enfin, à prouver au genre humain, que l'arbre de la science porte des fruits salutaires et non empoisonnés! en un mot, en te sauvant, prouver que tu peux sauver les autres! Sache que liberté et franchise sont l'apanage de notre siècle. Et la justice, celle de notre bien-aimé souverain.

1. En 1826, sous la présidence de M. Ravez.

RÉPONSE

A L'EXPOSÉ DU DIAGNOSTIC DE LA RAGE

SUR LES ANIMAUX DE L'ESPÈCE CANINE

Lu à l'Académie de médecine, dans sa séance du 9 juin 1863, par M. Bouley.

Monsieur l'académicien, vous dites dans votre discours : « *parce qu'il a passé par la cervelle de je ne sais quel savant de faire du mot hydrophobie le synonyme de celui de rage,* »

M. le docteur Bouley, comme je suis le premier et le seul auteur de cette synonymie, c'est à moi à répondre[1].

Je suis fâché d'être en désaccord avec le savant des savants dont les phrases cicéroniennes font pâmer de plaisir ses confrères.

Discuter sur le néologisme c'est perdre du temps. Vous savez, monsieur le docteur, que la mort ne quitte pas le

---

1. Par mes expressions hors ligne, je n'entends pas attaquer la réputation, c'est-à-dire, la probité, et le savoir de mes doctes confrères pour lesquels, j'ai une estime particulière. Je veux seulement, les forcer à se déjuger envers moi, et rompre un silence honteux.

sanctuaire de votre Académie, et qu'elle vous happe comme l'espèce canine happe les mouches ! Monsieur le professeur d'Alfort, vos citations de poëte, c'est du luxe, cela est bon à des élèves, mais non à des maîtres en science, qui composent votre assemblée.

Toute la science médicale est dans ces deux mots, *prévenir* et *guérir*. Depuis plus d'un quart de siècle, je dis : Pour prévenir la *rage* ou *hydrophobie*, prenez des bains de vapeur dits à la russe, et pour guérir *idem*, donnez un moyen plus simple, plus rationnel, moins dispendieux, plus facile à exécuter, je ne me contenterais pas de déposer une couronne à vos pieds, mais, je la placerais sur votre tête. Vous, monsieur, qui aimez les citations, si vous me disiez : « Rends tes armes, » je vous dirais comme le roi de Sparte... « Viens les prendre ! » Si, comme moi, mon adversaire veut être laconique, clair et précis, le combat ne sera pas long, et ma victoire instantanée.

L'autorité place les médecins des hommes au rang des médecins vétérinaires, je ne m'en plains pas, seulement, je demande la même courtoisie aux derniers qu'aux premiers... Académie est synonyme de politesse. Vous me direz peut-être que cette phrase à laquelle je fais allusion ne m'était pas adressé directement, je réponds à cela qu'un académicien *surtout* ne doit insulter personne, et qu'en le faisant il s'expose à de rudes représailles.

Je ne sais, lecteur, si comme moi tu as remarqué que toutes les personnes, qui, habituellement sont avec les fous, sont toutes un peu folles ; eh bien? par sympathie le caractère de cette intéressante race canine ne peut-il pas se communiquer à ceux qui les soignent?

Académie, par ta locution inconvenante tu me donnes

droit... mais je ne veux pas d'une victoire si facile, je veux... te confondre devant l'autorité, — puisqu'il est reconnu qu'un chien dans la joie, la tristesse, la colère, la dentition, la vieillesse même, et une infinité d'affections qui ne sont pas la rage, sa morsure peut produire cette maladie, attendu que dans ces diverses circonstances la salive peut se changer en virus rabique, que l'homme peut mourir enragé, et l'animal survivre; à quoi sert ton long discours sur la prophylaxie?...

AU CONSEIL DE SALUBRITÉ

Un homme sort de lutter contre un chien enragé, il est couvert de bave et de morsures, la cautérisation est nulle; tandis que mon procédé atteint le virus, partout, et l'expulse. Sonde ta conscience, tu entendras les plaintes et les reproches des malheureux morts hydrophobes, par ton incurie. Quoi? tu refuses encore de faire afficher que les bains de vapeur tiennent le premier rang, comme moyen prophylactique et curatif, tu me ferais pitié si tu ne me faisais pas horreur! voilà le cri de la nature, voilà le cri du monde entier!...

La justice règne en France sous l'égide de notre auguste Empereur, qu'elle juge si on doit laisser dans un éternel oubli la plus utile découverte de notre siècle?...

CONCLUSION

Aujourd'hui, la rage est une maladie connue ; au moindre doute, on doit employer les bains de vapeur dits à la russe, dirigés par un médecin expérimenté.

Cette médication est sûre, *l'envie seule* ou *l'ignorance pourrait le nier !...*

Messieurs les savants, si vous voulez m'opposer un orateur, envoyez-moi un lion et non un mouton.... et faute d'aigle ou d'aiglon *surtout*, ne me donnez pas.... un pigeon.

Priez, oui, priez les dieux qu'ils vous donnent la sagesse !

Jeunez et parlez ; — après un banquet l'homme est une brute!!!

PARIS. — IMPRIMERIE EDOUARD BLOT, RUE SAINT-LOUIS, 46.

PARIS. — IMPRIMERIE GOUPART-BLOT, RUE SAINT-LOUIS, 46.

9 782329 219417